环丁漫话

二十四节气
七十二物候

张英棠　胡清

王　坤　苏稼禾　编著

中国城市出版社

# 前言

　　中国的节气起源于数千年前，古往今来，节气指引着人们的农耕生产，影响着人们的行为习惯，那么节气又是什么呢？

　　如果把一根普通的杆子垂直插在土里，阳光就会在地上投下一条影子。如果每天中午测看日影，会发现一年里日影的长度发生着有规律的变化：从夏到冬，日影由最长逐渐变到最短；从冬到夏，日影又从最短变成最长。于是古人把日影最长的那一天和最短的那一天统称为"日至"。"至"就是到顶的意思。他们把日影最长的这天，叫作"日长至"，或叫"长至"，也就是"夏至"；把日影最短的这天叫作"日短至"，或叫"短至"，也就是"冬至"。后来，古人又在春、秋两季里，发现各有一天白天和夜晚的时间相等，于是就规定这两天分别为"春分"和"秋分"。战国后期的《吕氏春秋·十二月纪》里，已经记载了立春、春分、立夏、夏至、立秋、秋分、立冬、冬至这8个节气的名称。而二十四节气的全部名称，最早出现在西汉的《淮南子》一书中，距今已有两千多年。

古人又通过观测和记录这些植物的生长荣枯、动物的迁徙繁殖和环境的变化等现象，总结出七十二物候，每候与一个自然界中的物候现象相对应。这些现象多描述动植物和大自然的变化，比如"春分"这一节气中有三候，分别是：一候元鸟至，二候雷乃发声，三候始电，这三个大自然中的信号为人们带来了春天到来的消息。这些物候现象构成了大自然中的时间表，融入人们的生产生活之中。

### 环丁节气｜物候故事

物候故事最早发表于环丁微信公众号，为了让小学生们更加深入地了解中华民族的传统文化和聪明才智，我们让环丁吉祥物以虚拟动画的形式和读者们一起经历二十四节气和相应的物候。随着对古籍中所记载现象的不断挖掘，这些"物候"跳出了笔墨的束缚，有的讲述自然界中的一个规律，有的诉说一个物种的古今生活状态和家族的兴衰，甚至还有的描述古人的一些脑洞……

我们沿着先人神奇的创造和经验的总结，观察古籍中记载的现象，结合资料的查阅，搜集了这些丰富的自然规律中的一些片段，再由环丁吉祥物串联在一起，形成了环丁吉祥物一年四季的旅行。旅途中不仅有雷电、彩虹这些自然现象的记录，还有随着节气的变化，各种小动物的生活习惯和一些存在于古人神话传说中的动物和现象。当然，四季的变化不限于一个小册子中，我们希望鼓励亲爱的读者将好奇的目光投向眼前的世界，身边的草木、鸟雀、凉风，还有自然中的万物，他们都在以自己的姿态进行着变化与有规律的循环，我们也可以用任何自己喜欢的方式将它们记录下来，也许就会寻得一些前人从未发现过的规律，从而更深入地认识和探索我们所生活的大自然。

## 关于环丁

"环丁"是环保园丁的缩写，寓意每一位为环保事业作出贡献的人都是环保的园丁。

环丁青少年环保创意活动作为环丁环保大数据研究院及环丁公益基金会公益实践中的一部分，通过一系列环保活动培养环保创新的"星星之火。"自活动开展以来，由于形式新颖、实现了环保与学校教育的高度融合，受到广大青少年、家长、老师及社会各界的高度认可。

2018年，环丁环保大数据研究院与清华大学附属小学联合举办了首届环丁青少年环保创意活动，此后，津市二小、绍兴塔山小学、台州白云小学相继携手环丁青少年环保创意活动。至2020年，环丁大赛正式进入教育部批准的2021—2022学年面向全国青少年开展的比赛竞赛类白名单。在2021—2022学年环丁青少年环保创意大赛中，全国共有209所学校参加，在地域上涵盖了众多县城、乡镇、边远地区及经济欠发达地区，在类别上涵盖了特殊学校、国际学校等，既体现了活动的包容性，也极大地促进了教育公平性。

# 目录

# 立春

2023年
2月4日－2月18日
一候：2月4日－2月8日

## 东风解冻

东风送暖，暖气东移；
气温回升，大地解冻。

# 立春

2023年
2月4日－2月18日
二候：2月9日－2月13日

## 蛰虫始振

　　振，动也。泥土
之下，蛰居的虫类
开始苏醒。

2023年
2月4日-2月18日
三候：2月14日-2月18日

## 鱼陟负冰

　　陟，言积，升也，高也。阳气已动，鱼渐上游而近于冰也。天气渐渐转暖，厚厚的冰层开始消融变薄，水里的鱼上浮到接近冰面的位置，如同背着冰一样嬉戏玩耍。

2023年
2月19日－3月5日
一候：2月19日－2月23日

雨水

## 獭祭鱼

古人曾观察到一个现象，水獭在捉到鱼后会将捕杀的鱼排列在岸边展示，人们管这个现象叫獭祭鱼，也叫獭祭。獭这种小动物的捕猎能力很强，它们和黄鼠狼都来自一个善于捕猎的家族——鼬科，由于它们吃饭的速度有时会赶不上打猎的速度，因此会出现陈列食物但不吃的黑历史。

2023年
2月19日-3月5日
二候：2月24日-2月28日

## 鸿雁来

　　长江中下游，鄱阳湖湿地附近的鸿雁开始踏上向北迁徙的旅程。接下来它们还会在暖温带小作停歇，等待北方草原春天的到来，然后飞往我国内蒙古自治区以及蒙古国和俄罗斯境内的草原湿地，经内蒙古的呼伦湖湿地、乌拉盖湿地、蒙古国的色楞格河流域，最终到达北方家园。

2023年
2月19日－3月5日
三候：3月1日－3月5日

## 草木萌动

又五日，草木开始有萌起发芽的迹象。寒冷中，一片生机正在慢慢苏醒。

2023年
3月6日－3月20日
一候：3月6日－3月10日

## 桃始华

　　自入冬以来，自然界中的很多动物都藏了起来，不饮不食，古人称这种行为"蛰"。

　　"惊蛰"就是指钻到泥土里越冬的小动物被雷震惊醒出来活动。而此时，我国大部分地区进入了春耕时节，也是桃花绽放的时节。

2023年
3月6日-3月20日
二候：3月11日-3月15日

## 仓庚鸣

仓庚又名黄鹂、仓庚，俗称黄莺、黄鸟或金衣公子。

雀形目黄鹂科的中型鸟类。

"仓"指清脆；"庚"指新。

清新之鸟

○○○

24

仓庚这个名字的意思，就是令人感受春日清新之气刚刚初绽。

惊

蛰

2023年

3月6日－3月20日

三候：3月16日－3月20日

# 鹰化为鸠

古人记载惊蛰时期鹰会变成鸠

# 春分

2023年
3月21日－4月4日
一候：3月21日－3月25日

## 元鸟至

　　我国常见燕子种类有很多，如：家燕、北京雨燕、金腰燕、淡色沙燕等。我们视野中曝光量比较大的是家燕，也是我国书画作品中常常出现的燕子种类。家燕在我国全域均有分布，常在春分前后出现在人们的视野里，秋分前后迁徙到东南亚一带。

春分

2023年
3月21日-4月4日
二候：3月26日-3月30日

## 雷乃发声

　　春天，天气开始回暖，春日带来的暖湿空气与冬日里还没有散去的冷空气相撞，是雷电形成的重要原因之一。古人在《月令七十二候集解》中提到的"阳在阴内不得出，故奋激而为雷"就记载了阴气与阳气相遇产生雷的自然现象。

# 春分

2023年
3月21日－4月4日
三候：3月31日－4月4日

## 始电

"雷乃发声天际头，闪闪云开始见电"。伴随着雷声，闪电也开始出现。

# 清明

## 桐始华

　　"华"的古字形似花朵，有草木的花、开花的意思。花朵是美丽的，故"华"又引申为光彩、华丽。

　　在我国，各类以"桐"为名的植物中，此时开花的是泡桐。泡桐树通常在每年的3、4月份开花，花期持续1个月左右，花朵像一串串倒挂的小铃铛。

# 清明

## 田鼠化为鴽（rú）

清明时节，天气渐暖，田鼠躲回洞穴乘凉，鴽鸟（鹌鹑一类的小鸟）出现，古人开始想象，是不是田鼠变成了鴽鸟。

但现代田鼠此时刚刚结束冬眠不久，正在疯狂觅食，并没有躲起来的打算。

根据《尔雅》中的记载，这里的"田鼠"的描述是：形大如鼠，头似兔，尾有毛，青黄色，好在田中食粟豆，谓之田鼠。

# 清明

2023年
4月5日－4月19日
三候：4月15日－4月19日

## 虹始见

日穿雨影，则虹见。

# 谷雨

2023年
4月20日－5月5日
一候：4月20日－4月24日

## 萍始生

水塘之中，开始有浮萍生长出来，"萍"是一种飘浮在水上的植物，也叫浮萍。它随水流与风漂流，所以又叫漂萍。

# 谷雨

2023年
4月20日－5月5日
二候：4月25日－4月30日

## 鸣鸠拂其羽

"鸣鸠"就是布谷鸟，又叫子规、杜鹃。因叫声"布谷布谷"的叫声而得名，似在催促人们快去"播谷播谷"。于是，农家便应时而种，百谷应时而生。

# 谷雨

## 戴胜降于桑

　　"戴胜降于桑"是指谷雨时节，戴胜鸟飞临桑树的枝头，意味着蚕宝宝就要出生了。养蚕织丝，也是农耕社会的大事，温暖湿润的谷雨是与中国古代农事结合最紧密的一个节气。这个节气里，先人们会为新一年的衣食住行以及生命成长做好准备。

# 立夏

2023年
5月6日-5月20日
一候：5月6日-5月10日

## 蝼蝈鸣

《月令七十二候集解》中记载："蝼蝈，小虫，生穴土中，好夜出，今人谓之土狗是也；一名蝼蛄，一名石鼠，一名螜（音斛hú），各地方言之不同也。"在我国，常见且分布较广的蝼蛄一般习惯在10月下旬就开始在地下越冬，到了第二年气温升高到8℃以上时向地表移动。当下，正是越冬蝼蛄开始活动的时节。

2023年
5月6日-5月21日
二候：5月11日-5月15日

## 蚯蚓出

　　进入立夏节气后，气温明显升高，炎暑将至，雷雨增多，农作物进入生长旺季。下雨之后，土地里氧气减少，蚯蚓这时会出来透透气。蚯蚓常年在土壤中活动，松土、分解有机物，对土壤过程的物质循环和能量传递作贡献,被称为"生态系统工程师"。

立夏

2023年
5月6日-5月20日
三候：5月16日-5月20日

## 王瓜生

　　王瓜是一种华北地区特有的药用爬藤植物，在立夏时节会迅速地攀缘生长。

# 小·满

2023年

5月21日－6月5日

一候：5月21日－5月25日

## 苦菜秀

　　苦菜是中国人最早食用的野菜之一，品种多样。小满之际，正是苦菜枝繁叶茂之时，小满前后是吃苦菜的好时节。

# 小·满

2023年
5月21日-6月5日
二候：5月26日-5月31日

## 靡草死

　　"靡草"普遍指葶苈，十字花科的一种植物，属于阴生植物。小满二候"靡草死"的这种现象，一种说法是靡草的生命周期和小麦基本一致。它是初春最早长出来的一种野草，到了此刻生命渐渐衰靡。另一种说法是，它是喜阴的草类，枝叶细软，经受不住小满强烈的阳气，也就不太常见了。

2023年
5月21日－6月5日
三候：6月1日－6月5日

## 麦秋至

《月令七十二候集解》解释道："秋者，百谷成熟之期，此于时虽夏，于麦则秋，故云麦秋也。"

在我国北方，头一年播种的冬小麦，会在小满前后成熟、收获，人们迎来了一年中第一场粮食的补给。

芒种

## 螳螂生

　　螳螂在上一年深秋产的卵，以卵鞘保护卵细胞度过寒冬。此时，越冬卵开始孵化，这个孵化过程会一直延续到7月上旬。《月令七十二候集解》对芒种初候螳螂生的释义是："螳螂，草虫也，饮风食露，感一阴之气而生，能捕蝉而食，故又名杀虫；曰天马，言其飞捷如马也。曰斧虫，以前二足如斧也，尚名不一，各随其地而称之；深秋生子于林木闲，一壳百子，至此时则破壳而出，药中桑螵蛸是也。"

芒种

2023年
6月6日－6月20日
二候：6月11日－6月15日

## 鵙（jú）始鸣

　　鵙就是今人所知的伯劳鸟。伯劳，其属名Lanius的拉丁文原意为"屠夫"。虽然它属于鸣禽，但很喜欢吃肉，最爱猎杀各种小型脊椎动物。由于它们没有猛禽那般强有力的爪子，不适合撕肉，所以它会把猎物挂在树枝、尖刺上，当成肉串，用嘴啄着吃，也因此而得名"屠夫"。不过由于它也喜食虫类，所以对农业有益。此时，它开始在枝头出现，鸣叫着，成为芒种二候的物候特征。

# 反舌无声

春季里，反舌鸟很是活跃，叫声婉转，韵律多变，如浑身是舌，故得百舌之名。但到了这个时候，反舌鸟便不再发声鸣叫了。唐代张仲素《反舌无声赋》中赞道："彼众禽兮，终岁嘤嘤，此反舌兮，语默有程。盖时止而则止，故能鸣而不鸣。青春始分，则关关而爱语，朱夏将半，乃寂寂而无声。有以见天地之候，有以知禽鸟之情。"

气温显著升高的芒种节气中，农人在田间挥汗如雨，紧张劳作。夏熟的麦子要抢收，秋收的稻子要赶紧播种，春天种下的作物要管培。无一事能误，无

一时不忙。长江流域的
"栽秧割麦两头忙"，华
北地区的"收麦种豆不
让晌"，我国从南到北
都在"忙种"。

## 鹿角解

《月令七十二候集解》记载："鹿，形小山兽也，属阳，角支向前与黄牛一同；麋，形大泽兽也，属阴，角支向后与水牛一同"。鹿的形体较小，头上的角和黄牛的角一样向前生长；麋的形体较大，头上的角和水牛的角一样向后生长。

64

　　现代意义上的鹿科，是偶蹄目反刍亚目下的一科。鹿科所有的公鹿（除了獐外）及母驯鹿的头上都长有角并每年更新，解角的时间一般在每年春天，夏至时期解角的鹿目前只有坡鹿。

2023年
6月21日-7月6日
二候：6月26日-7月1日

## 蜩（tiáo）始鸣

"蜩，蝉之大而黑色者按蝉乃总名"。古人将喜欢在夏天鸣叫的蝉称为蜩，也就是《庄子》中的"蟪蛄不知春秋者"中的蟪蛄，俗称"知了"。

雄性蝉身体两侧有能够发出很大声响的发声构造，鸣肌每秒能伸缩约1万次，它们常趴在树干上，向前或左右扭动腹部来调节发出的声响。

夏至

## 半夏生

　　半夏，天南星科半夏属植物，生长于夏季之半。也有研究者认为"半夏生"指的是结果与采摘，不是发芽。夏至日，北半球各地的白昼时间达到全年最长，是北回归线及以北地区在一年中，正午太阳高度最高的一天，也是太阳运动轨迹的转折点，这天以后，它将折返。伴随着太阳直射点向南移动，北半球的白昼时间将逐日缩短，北回归线及以北地区的正午太阳高度也将日渐降低。

小暑

2023年
7月7日-7月22日
一候：7月7日-7月11日

# 温风至

哪怕一个"小"字，只要跟"暑"沾边，就意味着躲不开的炎热。

2023年
7月7日-7月22日
二候：7月12日-7月17日

## 蟋蟀居壁

　　这时北方地区的蟋蟀正处于若虫（幼年）阶段，翅芽正在发育，所以还不能飞，只能在地上和墙壁上爬来爬去，或待在洞壁之上。因为翅膀没有长成，所以现在的蟋蟀也不能发出声音。

# 小暑

2023年
7月7日-7月22日
三候：7月18日-7月22日

## 鹰始击

《礼记》作"鹰乃学习"。这个时候的鹰还是亚成体，就是小鹰，正是练习飞翔和捕猎的时候。

# 大暑

2023年
7月23日-8月7日
一候：7月23日-7月27日

## 腐草为萤

　　萤火虫有很多诗意的别名，《月令七十二候集解》中记载："曰丹良，曰丹鸟，曰夜光，曰宵烛，皆萤之别名"。

　　由于萤火虫的幼虫（陆生）多栖于遮蔽度高、草本植被茂盛、相对湿度高的地方，所以大暑时，萤火虫孵化而出，在草丛间一闪一闪地穿梭，解释了古人"腐草为萤"的想象。

# 大暑

2023年
7月23日-8月7日
二候：7月28日-8月2日

## 土润溽暑

连续的高温、频繁的降雨，使土地潮湿，暑气蒸腾。东汉刘熙在《释名》中解释道："暑是煮，火气在下，骄阳在上，熏蒸其中为湿热，人如在蒸笼之中，气极脏，也就称'龌龊热'"。

2023年
7月23日－8月7日
三候：8月3日－8月7日

## 大雨行时

连续高温潮湿的天气之后，这时终于开始常下大雨，伴有雷电。暑湿褪去之后，天气开始向立秋过渡。正值中伏前后，我国的大部分地区迎来了一年中最热时期，也是各种喜温作物飞速生长时期。

# 立秋

2023年
8月8日–8月22日
一候：
8月8日–8月12日

## 凉风至

立秋过后，
刮风时，
人们会感觉到凉爽。

此时的风
已不同于
夏天里的热风。

2023年
8月8日－8月22日
二候：8月13日－8月17日

## 白露生

接着，早晨大地
上会有雾气产生。

# 立秋

2023年
8月8日—8月22日
三候：8月18日—8月22日

## 寒蝉鸣

感阴而鸣的寒蝉也开始鸣叫。

## 鹰乃祭鸟

　　到了这一时节，鹰会大量捕猎小鸟，也是鹰离巢的时候，食量大大增加。所以有人认为"鹰乃祭鸟"这个行为，是因为此时的鹰需要到处捕捉食物为迁移做准备。

## 天地始肃

　　"处暑"的"处"含有躲藏、终止的意思，但天气还未出现真正意义上的秋凉，此时晴天下午的炎热亦不亚于暑夏之季，这也就是人们常讲的"秋老虎"。

# 处暑

2023年

8月23日－9月7日

三候：9月3日－9月7日

## 禾乃登

处暑以后，我国大部分地区温差增大，昼暖夜凉的条件对农作物体内干物质的制造和积累十分有利，庄稼成熟较快。先人对自然规律的观察总结，提醒人们不失时机，加紧秋收。

白露

2023年
9月8日-9月22日
一候：9月8日-9月12日

## 鸿雁来

先人观鸟发现，到了白露节气，鸿雁开始从繁殖地迁往越冬地，途中以各种植物为食，也吃少量甲壳类和软体动物等食物。

2023年
9月8日–9月22日
二候：9月13日–9月17日

## 元鸟归

元鸟是燕的别名，常见的家燕以昆虫为食，习惯在空中捕食飞虫，它们不善于在树缝和地隙中搜寻昆虫食物。在北方的冬季没有飞虫可供燕子捕食，每年秋季，小小的燕子就会开始向南大迁徙。

# 白露

2023年
9月8日-9月22日
三候：9月18日-9月22日

## 群鸟养羞

　　《礼记》注曰："羞者，所羹之食"。
养羞者，藏之以备冬月之养也。

　　"白露"是反映自然界寒气增长的节气，白昼阳光尚热，傍晚至凌晨气温便很快下降，造成昼夜温差大。许多动物开始储食以备冬，许多鸟还会换上丰满的冬羽，迎接寒冬降临。

# 秋分

## 雷始收声

古人观察记载，这个时间段里，雷电不像夏季那般频繁。雷电这种自然现象，一直与古人的生活联系紧密。据唐代王睿的《炙毂子》记载，汉代有人把瓦做成鱼尾形状，放在屋顶上防止雷电。南朝刘宋时人盛弘之《荆州记》记载过避雷室："湖阳县樊重母畏雷，为石室避之，悉以石为阶"。1688年，法国人马卡连在《中国新事》书中写道："……屋顶的四角都被雕饰成龙头的形状，仰着头，张着嘴。在这些'怪物'的舌头上有一根金属蕊子，这金属蕊子的末端一直通到地里，如果有雷打在房屋上，它就会顺着舌头跑到地里，不会产生任何危险。"这些工匠的

巧思和当时的建筑、人的生活自然相融,
他们的智慧亦被现代人学习和借鉴。

# 秋分

## 蛰虫坏户

淘瓦之泥曰坏，"坏"通"培"，就是很细的泥土，谓昆虫在地里封塞巢穴。这里的"蛰虫"一般指昆虫纲有翅亚纲蜚蠊目的一种，是药用昆虫，常在老式土质住宅墙根的土内活动。这种小虫子日常就喜欢在土里钻来钻去，到了秋分，我国大部分地区天气转凉，对气温特别敏感的昆虫开始寻找温暖、可遮蔽的地方将自己藏起来，较少出现在人们的视野中。

秋分

## 水始涸

　　秋冬时期，气温下降，中国北方地区的空气开始变得干燥，大多数河流的水位呈下降的态势。天气一天比一天寒冷和干燥，水汽蒸发快，湖泊、河流中的水量渐渐变少，甚至会变得干涸。

寒露

2023年
10月8日－10月23日
一候：10月8日－10月12日

鸿雁来宾

鸿雁知晓了季节的讯息，飞到南方旅宿，最后一批还没有出发的鸿雁也陆陆续续南迁。

寒

2023年

10月8日-10月23日

二候：10月13日-10月18日

露

雀入大水为蛤

身边的小鸟渐渐变少，但海边出现了很多花纹长得像小鸟的蛤蜊，而蛤的条纹色泽与雀

鸟近似，古人便想象这些蛤是不是小鸟演化而成的。

## 菊有黄华

　　各种草木一般都喜欢在天气温暖时发芽开花。而菊花却在天气寒冷的寒露开放得热热闹闹。所以有人说桃花之类的花朵算不得美，而只赞美菊花，是因为它在凉爽的秋季盛开。

霜降

...

## 豺祭兽

豺狼将捕获的猎物先陈列后再食用，看起来很像用捕来的食物回报天养万物之恩情。

# 霜降

2023年
10月24日–11月7日
二候：10月29日–
11月2日

## 草木黄落

大地上的树叶枯黄掉落，它们颜色变黄，随秋风摇动掉落。

2023年
10月24日－11月7日

三候：11月3日－11月7日

## 蛰虫咸俯

蛰虫都在洞中不动不食，垂下头来进入冬眠状态中。这个时节寒风刺骨，非常寒冷，各种虫类都低头休眠不吃东西了。

降

## 水始冰

　　据古人观察：到了这一时期，水面就开始出现结冰的现象，但还未能形成很坚实的冰层。

2023年
11月8日－11月21日
二候：11月13日－11月16日

地始冻

又过了五天，地面上也开始出现冻土现象，但也没完全冻实。

## 雉入大水为蜃（shèn）

野鸡一类的大鸟行踪变少，海边出现了越来越多的贝类，长着和野鸡一样的花纹。

"蜃"，我国神话传说的一种形似大牡蛎的动物。

# 小雪

2023年
11月22日–12月6日
一候：11月22日–11月26日

## 虹藏不见

　　这里的"虹"，是指彩虹。一般在雨后，阳光经过空气中细密的水幕折射而出现美丽的彩虹，但是小雪节气，空气较寒冷干燥，即使有降水也容易变成无法折射阳光的雪花，很难形成细密的水幕，彩虹就不如夏日里那么多见了。

# 小雪

2023年
11月22日－12月6日
二候：11月27日－12月1日

## 天气上升，地气下降

我国古代讲究阴阳结合，天气和地气分别代表阳气和阴气。阴阳结合活跃之时，万物复苏，欣欣向荣；反之，万物萧瑟，了无生机，严冬到来。天气上升和地气下降，也为"闭塞而成冬"奏响了前奏。

小雪

2023年
11月22日-12月6日
三候：12月2日-12月6日

## 闭塞而成冬

正是因为天气上升、地气下降，阴阳不再相交，所以万物失去生机，不再交流，进入闭塞而严寒的冬季。闭塞成冬，正是天气上升和地气下降的结果。

## 鹖鴠（hé dàn）不鸣

鹖鴠是什么动物？《禽经》上说，它是一种善斗的鸟，长得像野鸡，比野鸡大，有毛有头翎，爱好打架，至死方休。《埤雅》上却记载，它黄黑两色、喜欢温暖的气候，天冷时，就不叫了。据《方言》记载，它有点像鸡，冬天就身上无毛，昼夜鸣叫，即寒号鸟。现在人认为的寒号鸟其实并不是鸟类，而是一种啮齿类动物，该物种被列入世界自然保护联盟（IUCN）2016年濒危物种红色名录3.1版—近危（NT）。

大雪

2023年
12月7日－12月21日
二候：12月12日－12月16日

## 虎始交

老虎开始求偶。寒到极致、万物萧瑟，一丝生机正在萌动。

# 大 雪

2023年
12月7日-12月21日
三候：12月17日-12月21日

## 荔挺出

　　"荔挺"属于兰草的一种，据《说文》与《本草》上记载，它的根可以做刷子。一片萧条之时，生命在萌动，暖意和复苏正在酝酿。

冬至

2023年|2024年
12月22日–1月5日
一候：12月22日–12月26日

## 蚯蚓结

蚯蚓在地下土壤中，蜷缩着身体，单个盘结或相互交结得像绳索一样。

冬

至

## 麋角解

冬至来临前后，麋角就会脱落。"麋"（学名：*Elaphurus Davidianus*）是一种鹿科麋鹿属的动物，我国古代称之为"麈"（zhǔ），别称四不像（脸像马、角像鹿、蹄子像牛、尾像驴），原生于长江中下游的沼泽地带，以青草或水草为食，有时也到海中衔食海藻。

## 水泉动

　　天寒地冻之中，有泉水从地下汩汩冒起，似乎是阴气鼎盛、阳气破土而出。事实上，这是古人写意的说法。这种冬季破冰而出的泉水与地质活动有关，和气候并无太大关联。

　　大部分情况下，冬至并不是一年中最冷的时候，人们往往会在冬至之后才迎来最冷的日子。俗语"数九寒冬，冷在三九"说的就是这件事儿。民间把"冬至"作为数九的第一天，从冬至这天开始往后，每数九天就是一九，数到三九就到了一年中最冷的时候。

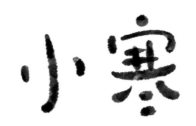

2024年
1月6日-1月19日
一候：1月6日-1月10日

## 雁北乡

秋天时迁徙到南方的大雁早早感知到气候的变化，开始踏上向北的旅程。立春前后陆陆续续回到北方。

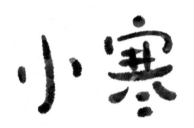

## 鹊始巢

　　又过了五天，有喜鹊开始寻找合适的地理位置，仔细挑选建造巢穴的朝向，准备开始筑巢，以迎接春天。

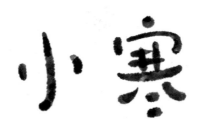

2024年
1月6日－1月19日
三候：1月15日－1月19日

## 雉始雊（gòu）

　　这里的"雉"指的是野鸡，"雊"是鸣叫的意思。雌雄雉鸟在接近四九时会双双和鸣。

2024年
1月20日－2月4日
一候：1月20日－1月25日

## 鸡乳

母鸡在大寒时节孵小鸡（就现在情况而言，一般正月才开始孵化小鸡）。

## 征鸟厉疾

征鸟即鹰隼等肉食鸟类，大寒时节多盘旋高空，寻捕食物，以补充能量抵御严寒，一旦发现猎物，就拼命地俯冲扑食，正处于捕食能力最强的状态中。

## 水泽腹坚

　　湖泊刚开始凝结成冰的时候，往往都是从水的表面开始结冰。随着天气越来越冷，地表温度不断降低，水的冰冻面积也慢慢变大。大寒节气，地面气温降至最低点，水冰冻程度也最大，有的水域整个结冰，古人称这种现象为腹坚。

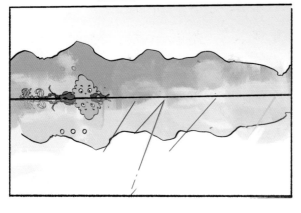

# 2024-2025-物候历

**小寒：1月6日-1月19日**
一候-雁北乡1月6日-1月10日
二候-鹊始巢1月11日-1月15日
三候-雉雊1月15日-1月19日

**大寒：1月20日-2月3日**
一候-鸡1月20日-1月24日
二候-征鸟厉疾1月25日-1月29日
三候-水泽腹坚1月29日-2月3日

**立春：2月4日-2月18日**
一候-东风解冻2月4日-2月8日
二候-蛰虫始振2月9日-2月14日
三候-鱼陟负冰2月14日-2月18日

**雨水：2月19日-3月4日**
一候-獭祭鱼2月19日-2月23日
二候-候雁北2月23日-2月28日
三候-草木萌动2月29日-3月4日

**惊蛰：3月5日-3月19日**
一候-桃始华3月5日-3月9日
二候-仓庚鸣3月10日-3月14日
三候-鹰化为鸠3月15日-3月19日

**春分：3月20日-4月3日**
一候-元鸟至3月20日-3月24日
二候-雷乃发声3月25日-3月29日
三候-始电3月30日-4月3日

**清明：4月4日-4月18日**
一候-桐始华4月4日-4月9日
二候-田鼠化为駕4月10日-4月14日
三候-虹始见4月15日-4月18日

**谷雨：4月19日-5月4日**
一候-萍始生4月19日-4月23日
二候-鸣鸠拂其羽4月24日-4月29日
三候-戴胜降于桑4月30日-5月4日

**立夏：5月5日-5月19日**
一候-蝼蝈鸣5月5日-5月9日
二候-蚯蚓出5月10日-5月14日
三候-王瓜生5月15日-5月19日

**小满：5月20日-6月4日**
一候-苦菜秀5月20日-5月24日
二候-靡草死5月25日-5月30日
三候-麦秋至5月31日-5月4日

**芒种：** 6月5日-6月20日
一候–螳螂生6月5日–6月9日
二候–鵙始鸣6月10日–6月15日
三候–反舌无声6月16日–6月20日

**夏至：** 6月21日-7月5日
一候–鹿角解6月21日–6月25日
二候–蜩始鸣6月26日–6月30日
三候–半夏生7月1日–7月5日

**小暑：** 7月6日-7月21日
一候–温风至7月6日–7月10日
二候–蟋蟀居壁7月11日–7月16日
三候–鹰始击7月17日–7月21日

**大暑：** 7月22日-8月6日
一候–腐草为萤7月22日–7月26日
二候–土润溽暑7月27日–8月1日
三候–大雨时行8月2日–8月6日

**立秋：** 8月7日-8月21日
一候–凉风至8月7日–8月11日
二候–白露降8月12日–8月16日
三候–寒蝉鸣8月17日–8月21日

**处暑：** 8月22日-9月6日
一候–鹰乃祭鸟8月22日–8月26日
二候–天地始肃8月27日–9月1日
三候–禾乃登9月2日–9月6日

**白露：** 9月7日-9月21日
一候–鸿雁来9月7日–9月11日
二候–元鸟归9月12日–9月16日
三候–群鸟养羞9月17日–9月21日

**秋分：** 9月22日-10月9日
一候–雷始收声9月22日–9月26日
二候–蛰虫坏户9月27日–10月2日
三候–水始涸10月3日–10月7日

**寒露：** 10月8日-10月22日
一候–鸿雁来宾10月8日–10月12日
二候–雀入大水为蛤10月13日–10月17日
三候–菊有黄华10月18日–10月22日

**霜降：** 10月23日-11月6日
一候–豺祭兽10月23日–10月27日
二候–草木黄落10月28日–11月1日
三候–蛰虫咸俯11月2日–11月6日

**立冬：** 11月7日-11月21日
一候–水始冰11月7日–11月11日
二候–地始冻11月12日–11月16日
三候–雉入大水为蜃11月17日–11月21日

**小雪：** 11月22日-12月5日
一候–虹藏不见11月22日–11月26日
二候–天气上升, 地气下降11月27日–11月30日
三候–闭塞而成冬12月1日–12月5日

**大雪：** 12月6日-12月20日
一候–鹖鴠不鸣12月6日–12月10日
二候–虎始交12月11日–12月15日
三候–荔挺出12月16日–12月20日

**冬至：** 12月21日-1月4日
一候–蚯蚓结12月21日–12月25日
二候–麋角解12月26日–12月30日
三候–水泉动12月31日–1月4日

# 2025-2026-物候历

**小寒：1月5日-1月19日**
一候-雁北乡1月5日-1月9日
二候-鹊始巢1月10日-1月14日
三候-雉始雊1月15日-1月19日

**大寒：1月20日-2月2日**
一候-鸡乳1月20日-1月24日
二候-征鸟厉疾1月25日-1月29日
三候-水泽腹坚1月30日-2月2日

**立春：2月3日-2月17日**
一候-东风解冻2月3日-2月7日
二候-蛰虫始振2月8日-2月12日
三候-鱼陟负冰2月13日-2月17日

**雨水：2月18日-3月4日**
一候-獭祭鱼2月18日-2月22日
二候-候雁北2月23日-2月27日
三候-草木萌动2月28日-3月4日

**惊蛰：3月5日-3月19日**
一候-桃始华3月5日-3月9日
二候-仓庚鸣3月10日-3月14日
三候-鹰化为鸠3月15日-3月19日

**春分：3月20日-4月3日**
一候-元鸟至3月20日-3月24日
二候-雷乃发声3月25日-3月29日
三候-始电3月30日-4月3日

**清明：4月4日-4月19日**
一候-桐始华4月4日-4月9日
二候-田鼠化为鴽4月10日-4月14日
三候-虹始见4月15日-4月19日

**谷雨：4月20日-5月4日**
一候-萍始生4月20日-4月24日
二候-鸣鸠拂其羽4月25日-4月29日
三候-戴胜降于桑4月30日-5月4日

**立夏：5月5日-5月20日**
一候-蝼蝈鸣5月5日-5月9日
二候-蚯蚓出5月10日-5月15日
三候-王瓜生5月16日-5月20日

**小满：5月21日-6月4日**
一候-苦菜秀5月21日-5月25日
二候-靡草死5月26日-5月30日
三候-麦秋至5月31日-6月4日

**芒种：6月5日-6月20日**
一候-螳螂生6月5日-5月9日
二候-鵙始鸣6月10日-5月15日
三候-反舌无声6月15日-5月20日

**夏至：6月21日-7月6日**
一候-鹿角解6月21日-6月25日
二候-蜩始鸣6月26日-7月1日
三候-半夏生7月2日-7月6日

**小暑：7月7日-7月21日**
一候-温风至7月7日-7月11日
二候-蟋蟀居壁7月12日-7月16日
三候-鹰始击7月17日-7月21日

**大暑：7月22日-8月6日**
一候-腐草为萤7月22日-7月26日
二候-土润溽暑7月27日-8月1日
三候-大雨时行8月2日-8月6日

**立秋：8月7日-8月22日**
一候-凉风至8月7日-8月11日
二候-白露降8月12日-8月17日
三候-寒蝉鸣8月18日-8月22日

**处暑：8月23日-9月6日**
一候-鹰乃祭鸟8月23日-8月27日
二候-天地始肃8月28日-9月1日
三候-禾乃登9月2日-9月6日

**白露：9月7日-9月22日**
一候-鸿雁来9月7日-9月11日
二候-元鸟归9月12日-9月17日
三候-群鸟养羞9月18日-9月22日

**秋分：9月23日-10月7日**
一候-雷始收声9月23日-9月27日
二候-蛰虫坏户9月28日-10月2日
三候-水始涸10月3日-10月7日

**寒露：10月8日-10月22日**
一候-鸿雁来宾10月8日-10月12日
二候-雀入大水为蛤10月13日-10月17日
三候-菊有黄华10月18日-10月22日

**霜降：10月23日-11月6日**
一候-豺祭兽10月23日-10月27日
二候-草木黄落10月28日-11月1日
三候-蛰虫咸俯11月2日-11月6日

**立冬：11月7日-11月21日**
一候-水始冰11月7日-11月11日
二候-地始冻11月12日-11月16日
三候-雉入大水为蜃11月17日-11月21日

**小雪：11月22日-12月6日**
一候-虹藏不见11月22日-11月26日
二候-天气上升, 地气下降11月27日-12月2日
三候-闭塞而成冬12月2日-12月6日

**大雪：12月7日-12月20日**
一候-鹖鴠不鸣12月7日-12月11日
二候-虎始交12月11日-12月15日
三候-荔挺出12月16日-12月20日

**冬至：12月21日-1月4日**
一候-蚯蚓结12月21日-12月25日
二候-麋角解12月26日-12月30日
三候-水泉动12月31日-1月4日

**图书在版编目（CIP）数据**

环丁漫话：二十四节气七十二物候 / 张英棠等编著
. —北京：中国城市出版社，2022.12（2023.11重印）
ISBN 978-7-5074-3553-5

Ⅰ.①环… Ⅱ.①张… Ⅲ.①二十四节气—少儿读物
②物候学—少儿读物 Ⅳ.①P462-49②Q142.2-49

中国版本图书馆CIP数据核字（2022）第229748号


责任编辑：于　莉　杜　洁
书籍设计：张悟静
责任校对：李美娜

# 环丁漫话
## 二十四节气七十二物候

张英棠　胡清　王坤　苏稼禾　编著
＊
中国城市出版社出版、发行（北京海淀三里河路9号）
各地新华书店、建筑书店经销
北京锋尚制版有限公司制版
北京富诚彩色印刷有限公司印刷
＊
开本：850毫米×1168毫米　1/32　印张：5　字数：91千字
2022年12月第一版　2023年11月第二次印刷
定价：55.00元
ISBN 978-7-5074-3553-5
　　　（904573）